N° 3 — 1909

Le Pays Vosgien et ses Habitants

Origines — Evolutions — Descriptions, prises aux sources, des Lieux jusqu'ici inétudiés.

1. GRANGES

Par C.- D. et G. PETITJEAN.

GRANGES. — *Place de l'Église.* (Cliché Ch. Marchal)

Sur nos Vosges sacrées et leurs croupes altières,
Le soleil a paru, perçant de ses rayons
Les bleuâtres vapeurs laissées au flanc des monts
Par dessus les ravins, les mornes sapinières ;

Et le bruit des cognées, s'élevant des clairières,
L'incessante clameur des torrents aux vallons,
Le clapotis des lacs, aux abîmes profonds,
Rythment les mille voix des ruches ouvrières !

Tout là-bas, dans la plaine, où mûrit le blé d'or,
Est le sol où les preux, que nous pleurons encor,
Sont tombés vaillamment pour la France meurtrie.

Car toujours nous restons les belliqueux Lorrains,
Héroïques lutteurs des combats incertains,
Frères de Jeanne d'Arc, votre Sainte, ô Patrie !

(A. BESSON.)

La Page aux Amis,

ET AUX AUTEURS.

Nous continuons à citer des extraits des bienveillantes appréciations à l'égard de notre modeste labeur, et émanant de personnalités occupant à divers titres une place marquante dans l'opinion publique, mais qui, toutes se rencontrent, portant le même idéal : l'amour de la petite Patrie, ce coin de terre magnifié par la nature et fécondé par l'activité de ses enfants !

« Je suivrai votre publication avec grand plaisir. Je suis étonné de la documentation extraordinaire qui y figure, sur Granges : aucune ville vosgienne n'est aussi richement décrite. (PROSPER ANCEL - SEITZ. *) »*

« ... Je suis très amateur des choses du passé, et rien de ce qui touche GRANGES *ne m'est indifférent. Je vous remercie infiniment d'avoir pensé à m'envoyer le 1ᵉʳ fascicule de votre Publication, monument élevé à la glorification des* VOSGES *et des* VOSGIENS. *(* PAUL ANCEL. *) »*

« C'est une page très curieuse d'histoire Vosgienne, admirablement documentée, et je vous en exprime toutes mes félicitations. Il serait à désirer que dans beaucoup de communes on entreprît le même travail ; ce serait un excellent levain de

patriotisme. (Jules Méline.) »

« *Je désire avoir cette Étude complète dans ma bibliothèque.* (Jean PÉRIER, Attaché Commercial à l'Ambassade de France à Londres.) »

« *Ce travail devrait être fait méthodiquement pour tous les pays de France, et je souhaite que votre exemple soit suivi par de nombreux secrétaires de mairie.* (Frédéric CHARPIN, Directeur de la BIBLIOTHÈQUE RÉGIONALISTE. »)

« *Je vous félicite de votre heureuse inspiration. J'ai lu et apprécié cet ouvrage, qui présente un réel intérêt au point de vue historique, et qui est aussi un régal de bonne littérature.* (G. Bouvier de la Motte.) »

Ces encouragements nous sont fort précieux, et ils prouvent que la voie que nous nous sommes tracée est la bonne.

Nos efforts tendront à justifier de plus en plus ces marques de sympathie.

Le PAYS VOSGIEN
& ses HABITANTS

I _ GRANGES

GRANGES — Place de l'Église en 1904. (Cliché C. Marchal)

VII
Us & Coutumes.

Usages bizarres ; – Légendes ; – Traditions ; – Dictons ; – Chansons locales (dont plusieurs en patois.)

(Suite)

Et les unions au *quidonnage* continuent avec le même cérémonial, agrémenté de fréquents et bruyants applaudissements des nombreux spectateurs et de détonations d'armes à feu, jusqu'à épuisement complet des noms qui se trouvent sur les deux listes.

Parfois, la disparité, la disconvenance, par trop choquante, résultant des différence d'âges, de conditions de quelques-uns de ces accouplements, provoquent des hilarités sans fin. Affirmer qu'elles ne servirent jamais des rancunes ou des dépis amoureux serait un peu téméraire...

Ensuite chaque cavalier offrant le bras à sa *quidonnée*, un bal en plein air s'improvise ; et éclairés par un amas considérable de morceaux de bois et de fagots, qui flambent sur la place, et que des gamins ont été quêter dans chaque maison, les couples passent la soirée dans les plaisirs de la danse.

Cette scène champêtre, éclairée par la lueur rougeâtre et tremblante du bûcher, offre un spectacle réjouissant.

La lassitude venant enfin donner le signal de la retraite, chaque jeune homme ramène sa *quidonnée* chez les parents de celle-ci, lesquels ont préparé une sorte de festin où le vin et l'eau-de-vie ne sont pas ménagés, et dont le principal mets sont des espèces de beignets, faits avec de la bonne farine, du lait, des œufs et du beurre ;

on les appelle des *Curveuhhès*. (1)

Ajoutons que ce repas se termine assez souvent par un accord de fiançailles et qu'un mariage, légal cette fois, s'ensuit à la satisfaction des intéressés.

Maintenant, nous dira-t-on, quelle peut bien être l'origine de cette antique coutume ?

Si l'on en croit la légende, qui donne la clef de bien des choses, et qui nous a été contée par un ancien du pays, cet usage remonterait au moyen-âge et aurait été dicté, au début, par un sentiment ou plutôt par une nécessité patriotique.

Après la dislocation du grand empire de Charlémagne, on sait que notre infortunée Lorraine devint la proie de nombreux petits seigneurs, dont quelques-uns étaient relativement assez puissants, tandis que d'autres — c'était la majeure partie — ne règnaient que sur un ou deux hameaux réunissant à peine une quinzaine de misérables chaumières.

----

(1) On assure qu'un Gringeau installa à l'Exposition universelle de Paris, en 1830, un étal où il vendit des quantités de ce dessert, qui se confectionnait sous les yeux des clients, et qu'il réalisa de ce fait une petite fortune.

On sait aussi que ces roitelets, qui étaient à peu près tous rapaces et sanguinaires, se faisaient entre eux de petites guerres fréquentes dont le vrai mobile était le vol et le pillage.

Or, il advint un temps où Granges, qui comptait déjà un certain nombre d'habitations, dépendantes d'un châtelain du voisinage, avait fourni de tels contingents de guerriers, qu'il ne s'y trouvait plus, en fait d'hommes, que des vieillards et des jeunes gens impropres au dur métier des armes. Cet état de choses, entre autres inconvénients graves, avait celui de rendre les mariages tellement rares que le châtelain, redoutant la dépopulation complète qui en fût résulté fatalement, décréta le mariage d'office, le mariage forcé en quelque sorte. Au printemps de chaque année, tous ceux qui étaient aptes au mariage, jeunes et vieux, filles, veuves, garçons et veufs, s'assemblaient autour du maître, et incontinent se préparaient et se célébraient, avec pompe, un certain nombre d'unions conjugales, dont le chiffre avait été fixé d'avance. L'habitude aidant, cette coutume qui, au commencement, était obligatoire et pratiquée avec une certaine contrainte, devint par la suite, une sorte de fête très attrayante.

On voit que cette pratique, et c'est ce qui lui donne une teinte de vraisemblance, avait une certaine analogie avec le tirage au sort de nos conscrits.

En tout cas, de cette légende, que nous avons rapportée fidèlement, chacun en gardera ce qu'il voudra.

———

Le Barrage des Époux

A Granges, lorsqu'une fille, un tant soit peu riche, se marie avec un étranger à la localité, il est encore d'usage de *barrer* les deux époux, c'est-à-dire de faire payer à l'heureux mari un tribut ou impôt, dont la quotité est fixée par sa propre générosité. Voici comment cela se pratique :

A peine sorti de l'église, après

que les cérémonies civiles et reli-
gieuses sont terminées et lorsque
la noce, les époux en tête, s'engage
sur la route qui doit la conduire
au festin qui l'attend, le cortège se
trouve subitement arrêté par une
bande d'étoffe de soie, tendue à
hauteur des genoux, en travers du
chemin, et le barrant complètement. Puis, se détachant d'un
groupe de curieux et de... curieu-
ses, un voisin ou un camarade
d'enfance de la mariée, se met à
réciter un tant joli compliment.

Le nouvel époux, sachant de
quoi il s'agit, ou qui en est vite in-
formé, s'il l'ignore, tire sa bourse
et donne une ou deux pièces d'or.
Incontinent le ruban formant bar-
rière s'abaisse; le passage est libre.

Avec le prix de cette sorte de
vente d'une compatriote, les jeunes
gens du quartier, après avoir parfois offert à chacune des person-
nœ du cortège, et en plein vent,
un petit verre de liqueur, font eux-
mêmes la noce dans l'auberge la
plus proche. Et tout le monde est
en gaîté !

Le Charivari.

Le Charivari, cet infernal, dis-
cordant et très bruyant, concer
nocturne qui, tant que duraien
les fiançailles, se répétait chaqu
soir, à proximité des demeures de
fiancés, lorsque l'un d'eux avai
déjà été marié, devient de plus e
plus rare.

Toutefois, il reprend ses droits
avec fureur, quand il y a entre le
époux par trop de disproportion
d'âge ou de condition.

———

La Chèvre Blanche.

Dans le temps, *bédaye*, disaien
nos grand'mères, une *chèvre blanche* devait être achetée et offerte à
son aînée par sa sœur cadette,
lorsque celle-ci se mariait la pre-
mière.

Si cela ne se fait plus, à l'occasion on ne manque jamais de le
rappeler; et nous avons encore
connu des parents à ce point res-

pectueux de ce droit d'aînesse, qu'ils auraient considéré comme une offense grave à la famille une demande en mariage à l'adresse d'une fille cadette, alors qu'il en restait une plus âgée à placer.

—

Le mari battu par sa femme.

Une pratique spéciale à Granges, et qui est des plus drôles est la suivante :

Un homme vient-il à être surpris se laissant battre par sa femme, ce qui est, dit-on, le monde renversé, vite, on va chercher un cheval blanc. On fait monter dessus le voisin le plus proche du mari battu, et ce cavalier fait au petit trot deux ou trois fois le tour du village dont les habitants, les habitantes surtout, sont par ce moyen, informés qu'une nouvelle et curieuse occasion à cancan leur est offerte.

C'est ainsi que la plaisante aventure est bientôt connue et commentée dans tous les quartiers où elle sert pour quelques jours à défrayer les bruyantes et interminables conférences des commères. Nous avons connu un cheval, à robe blanche, qui a plus d'une fois servi à annoncer la comique nouvelle d'un homme battu par *note fôme.*

—

Le Couâroge ; — les grandes Loûres ; — le jet du Potot.

Il y avait — il y a encore, mais plus rarement, avec bien moins d'entrain et, il faut le dire, avec bien moins de fraternité — le *couâroge,* ces réunoins presque quotidiennes de l'après-midi, entre bons voisins, pour travailler à la broderie, aux menues réfections ou améliorations dans le ménage, à l'achèvement d'un travail urgent.

Autrefois, l'occupation à peu près unique, au couâroge, était le filage du chanvre au fuseau ou au rouet.

Ces jolis instruments et métiers de leurs grand'mères, sont aujourd'hui fort recherchés par les jeunes filles, pour orner leurs chambres.

Ce travail laissant l'esprit libre, on ne manque pas naturellement de causer de tout et de tous.

Dans l'après-midi, on besogne ferme ; il n'en est pas de même aux grandes réunions du soir, appelées *loûres*, qui se tiennent à peu près régulièrement une fois en hiver, dans chaque quartier.

Celles-ci sont organisées plutôt pour l'amusement.

Dès 6 à 7 heures du soir jusqu'à une heure très avancée, parfois même jusqu'au matin, ce ne sont que distractions de toutes sortes : récits émouvants des anciens soldats, vieilles chansons, *fiauves di to pessè*, si gentîment contées par les bonnes aïeules, jeux de société, variés et presque tous particuliers au pays.

La veillée se continue par le *r'sinon*, véritable festin, copieusement arrosé.

Ceux qui ne sont pas de la partie viennent néanmoins souvent y jouer leur rôle.

En effet, aussitôt informés de la tenue d'une de ces assises de la gaîté villageoise, ils font leurs pré-paratifs. Ils ramassent bon nombre de morceaux de verre, faïence, de vieille ferraille, qu'ils mettent dans une grosse soupière hors de service et appelée *potot* pour la circonstance.

Le soir de la veillée, au moment propice, quand les invités s'amusent bruyamment, la bande joyeuse arrive à pas de loup ; le plus hardi entre silencieusement dans la maison et, sans attirer l'attention, jette le potot au milieu des convives !

Si le potot est bien préparé et bien lancé, sa chute doit produire un fracas épouvantable. Aussitôt les plus alertes ne s'attardent pas à ramasser les éclats gisant de tous côtés ; ils ont mieux à faire. Sans perdre de temps ils quittent la table et se mettent à poursuivre les gêneurs. Commence alors une course effrénée dans tout le bourg.

Ce n'est pas un match organisé avec bureaux de contrôle de distance en distance, avec des tribunes et des galeries occupées par des personnages officiels et par des dames aux toilettes resplendissantes, à la lorgnette braquée sur la piste. Dans cette course, aucune vie n'est en danger ; le succès ne dépend pas de la renommée de telle ou telle marque d'auto ou de vélo. Et cependant rien n'est plus passionnant que cette chasse au milieu de la nuit, les coureurs déjà échauffés par le rire et le bon vin, ne sont arrêtés par aucun obstacle. Ils doivent rattraper les lanceurs de potot, et presque toujours ils arrivent à leur but.

Triomphalement, ils ramènent les vaincus qui, sans jugement, sont condamnés à passer le reste de la soirée avec les fêteurs.

Seulement avant de les présenter à l'aimable société, les vainqueurs doivent leur faire un brin de toilette. En passant près de l'ancienne et vaste cheminée, ils oignent leurs doigts de suie. Avec ce pinceau de belles moustaches sont bien vite largement dessinées. Et c'est dans cette élégante tenue que nos héros font leur entrée. Là, les vaincus ont autant de succès que leurs concurrents ; ils sont accueillis avec des rires sonores, chacun voudrait le placer près de lui. Ils s'attablent, les rires changent de cause, les jeux continuent, la table se garnit toujours, l'incident est vite oublié et la soirée s'achève dans la bonne et franche gaîté.

Le Premier Mai.

Le premier mai, autrefois et jusqu'à la fin du dix-neuvième siècle, faisait date dans la joyeuse vie de la jeunesse gringeaude.

Ce jour-là, ou plutôt cette nuit, les jeunes filles recevaient la sanction de leur vertu ou de leur légèreté.

Les garçons se procuraient autant d'arbustes ou de branches qu'il y avait de demoiselles en cause ; et bien avant le jour, faisaient leur tournée, très discètement, les uns faisant le guet tandis que les autres escaladaient les toits ou grimpaient une échelle, pour installer ces *mais* le plus près possible des fenêtres des chambres à coucher des jeunes filles.

Dès la pointe du jour, les intéressées avaient hâte de voir leurs bouquets, qui restaient exposés toute la journée si, trophées de l'amour partagé, ils traduisaient les hommages du *bon ami*.

Dans le cas contraire, ces bouquets étaient vite enlevés, car chaque essence d'arbre avait sa signification : le laurier, le sapin indiquaient que la fille était ardemment aimée et que l'on appréciait fort ses qualités, tandis que les branches d'arbres fruitiers voulaient dire qu'elle avait une réputation laissant à désirer.

La branche de cerisier notamment, plantée en haut de la cheminée, était l'expression du plus profond mépris.

——— Le *Premier Mai* était naguère encore, pour la BANDE JOYEUSE, qui tenait ses assises nocturnes dans le secret le plus sérieux, et toujours impénétrable à la police la plus vigilante, une excellente occasion de jouer de bonnes farces, parfois avec une témérité étonnante.

En voici quelques-unes :

Échange d'enseignes, ce qui exposait, par exemple, le pharmacien ou le marchand de meubles, à recevoir la commande d'une feuillette de vin, ou d'une coiffure, alors que le marchand de jus de raisin ou le chapelier, ayant à leur devanture l'enseigne des premiers, recevaient la visite des clients habituels de ceux-ci.

Démontage, pièce par pièce, d'une *voiture à échelles*, remontée ensuite complètement, à cheval sur la partie la plus haute de la toiture de la maison de son propriétaire.

Barrage de Rues, au risque de provoquer des accidents.

Il y a une trentaine d'années, quelle ne fut pas la surprise des habitants de voir, au matin d'un 1er mai, l'entrée du Grand-Pont barrée par un étal de forain, se dressant sur un échafaudage hardi, couronné d'un pot aux roses, à moitié rempli, et cueilli en un de ces endroits où la plus belle dame même ne se rend jamais qu'à pied ! ——

———

La Chasse au Dârou.

De tous les voyageurs de commerce l'on sait que celui qui vient de Paris, avec son huit-reflets, est le plus fin, le plus débrouillard.

Il est passé maître dans l'art où s'illustra Lemice-Terrieux, et sait se payer la tête de tout le monde. A la table d'hôte, c'est lui qui tient le crachoir. Il a tout vu, rien ne l'étonne, il sait tout.

Cependant il est arrivé que plusieurs de ces malins se sont laissés prendre, à Granges, à cette farce spéciale dite : la chasse au dârou.

Le dârou, c'est une espèce de gibier, plus estimé et plus rare même que le coq de bruyère. La chasse de cet animal, dont la peau est d'une grande valeur et la chair est extra succulente, est difficile et ne peut avoir lieu qu'en hiver, par un temps de forte bise piquante ; quand il n'y a pas trop de neige et qu'il ne fait pas clair de lune. Il faut être trois : deux compères et l'amateur parisien.

Partis dans la montagne, à dix heures du soir, ils arrivent, après une bonne heure de marche, à l'endroit propice, où chacun prend son poste ; le parisien est placé dans une croisée de sentiers bien exposée au vent. Il tient aux mains un grand sac ouvert, acheté à Seroux, et où le dàrou, rabattu et poussé par les deux autres chasseurs, doit venir, à toute vitesse, se jeter et se faire prendre par le chasseur veinard.

Il est bien entendu d'avance qu'il faut surtout, pour réussir, de l'immobilité et une patience de pêcheur à la ligne.

Les deux compères ne tardent pas à rentrer à la maison, se mettre au chaud dans un bon lit, tandis que l'apprenti chasseur, lasse d'attendre en vain la bête et transi de froid, ne revient que vers deux ou trois heures du matin.

Si celui-ci ne s'aperçoit pas, le lendemain qu'il a été mystifié, ses camarades ont beau jeu pour lui suggérer que le temps n'était pas favorable, qu'une autre fois, avec plus de précautions, on aura la presque certitude de capturer le curieux animal.

La Fontaine Saint-George.

La fontaine Saint-George, qui était située au « hagis du Champ de la Beaume, » dans un joli vallon, à la montée raide, par exemple, à un quart d'heure de marche à l'est du bourg, avait la renommée de favoriser les mariages.

Aussi ses frais ombrages, égayés par le gazouillis des fauvettes et des rouges-gorges et par les trilles des pinsons et des rossignols, étaient-ils, en été et en automne, le rendez-vous de nombreux couples amoureux.

(Depuis quelques années, cette source a été captée et conduite à cent mètres plus bas, et alimente, en eau potable, une maison nouvellement construite sur le bord de la route qui va à Seroux.)

Le Kiou-hihi.

Le « kiou-hihi » des monta-gnards vosgiens se fait encore en-tendre dans nos parages.

C'est toujours l'annonce, jetée à tous les échos, de l'ardeur de l'a-moureux allant voir sa belle, du conscrit prêt à faire son devoir militaire ; c'est le cri de défi et de combat ; c'est le signal du rallie-ment de groupes amis, le refrain obligatoire et joyeux des chansons du soir, en plein air.

Les Guérisseurs.

A Granges, on ne croit plus aux sorciers, ni au sabbat, on ne fait plus conjurer le mauvais sort.

Néanmoins, beaucoup de gens ont encore confiance en certaines personnes qui, par des signes ca-balistiques, invocations grotesques, application de remèdes chiméri-ques, « coupent l'arrête ? guéris-sent du secret, » c'est-à-dire en-rayent une fluxion, une rage de dents, des coliques et autres maux plus ou moins caractérisés.

Dictons — Proverbes.

Le répertoire des Dictons et Proverbes du fonds de Granges, et dont beaucoup sont du cru, est ri-che et varié.

Voulez-vous, amis lecteurs, non pas que nous les sauvions de l'ou-bli (l'art est impérissable, quelle que soit la forme qu'il affecte,) mais que nous en mettions quel-ques-uns en relief.

Il est bien entendu que pour en goûter toute la saveur, il faut sur-tout y voir le sens figuré, lequel est parfois difficile à traduire, à présenter sous les diverses, délicates et discrètes nuances sous lesquelles pourtant, avec son vernis patois, il s'offre, avec une franchise et un réalisme que notre langue nationale, si pauvre (toute opulente qu'elle paraisse) est impuissante à rendre complètement.

— *È lè faim è ni é poi dé mâh pain.* (A la, faim il n'y a pas de mauvais pain.) Les Parisiens en firent la dure expérience lors du siège de la Capitale en 1871.

— *È l'y é au bô ine ohé qué dit : Comme té f'ré je f'ra.* (Il y a au bois un oiseau qui dit : Comme tu feras je ferai.) Ce qui veut dire clairement « J'agirai à ton égard ainsi que tu agiras vis-à-vis de moi. Si tu me fais du bien, je t'en ferai ; si tu me fais du mal je te rendrai le mal. »

— *Elle lo ferau ralsie do eine beusse.* (Elle le ferait danser dans une baratte — ustensile à battre le beurre.) Ceci s'applique surtout aux caractères faibles ; à un homme qui se laisse complètement dominer par une femme.

— *Ènée de neuhottes, Ènée de bacellottes.* (Année de noisettes, années de fillettes.)

Dans le temps, qui n'est pas très lointain, la plupart des héritages terriens, les chemins et passées, étaient bordés de murgers, au milieu desquels croissaient spontanément d'innombrables ramilles de noisetiers. Il en poussait encore beaucoup dans les ravins. Or, quand il y avait abondance de noisettes, en saison, tous les dimanches, après midi, les jeunes gens des deux sexes se donnaient rendez-vous pour faire la cueillette de ce fruit. D'où le départ de maintes idylles qui, forcément, avaient leur répercussion sur les naissances de l'année suivante.

— *In bé jeu ne sé rèhonche mi dou foue.* (Un beau tour ne se rcommence pas.) On ne se laisse pas prendre deux fois à la même attrape, à une farce analogue.

— *Hhounou pu voite.* (Celui qui fait le très délicat, qui se croit le sens le plus fin, est souvent le moins propre, le plus mal dégrossi.)

— *Quand è pieu be bihe, è pieu é sé guihe.* (Quand il pleut par un vent du nord, la pluie tombe à sa guise.) Quand la pluie vient par un vent de ce côté, ce qui est assez rare, il est difficile de le prévoir. Au figuré, cette locution s'emploie pour dire qu'on ne peut empêcher une critique intéressée, partant peu fondée et souvent injuste.

— *Peut chin bâle coue*. (Vilain chien belle queue.) Se dit notamment d'un prétendant au mariage qui est laid et vieux, mais qui a néanmoins des qualités sérieuses : gentillesse, bon caractère et ... fortune.

— *Bé demandou, bé refusou*. (Beau demandeur, beau refuseur.)

Un jeune homme prétentieux, beau garçon et grâcieux parleur, mais sans avenir assuré, sans position, sans argent, a -t-il l'audace de demander en mariage une jeune fille bien au-dessus de sa condition à lui, de son monde, on ne manque pas de lui appliquer le proverbe ci-dessus, sous entendant que s'il est de tenue irréprochable, s'il a été poli en faisant sa déclaration, le refus du papa a été poli et convenable aussi, mais catégorique.

— *È lo èpetnè po rin*. (Il est embarrassé pour un rien.) On dit d'une poule qu'elle est *épetnée* quand elle est gênée pour marcher ou pour gratter. Cette locution s'applique à toute personne qui hésite toujours, qui ne sait, en tout, quel parti prendre.

— *Mau chaud mau fraud*. (Mal chaud mal froid.) Allusion à celui qui est grincheux, impossible à contenter,

— *Que né dit ro, y consot*. (Qui ne dit rien consent.)

— *Ço lè chette*. (C'est le chat.)

Se dit lorsque, dans le ménage, il s'est commis un petit méfait, une gourmandise, et que l'on n'ose pas en nommer tout haut l'auteur.

— *È vue mingé d'lè vêche errêgie*. (Il veut manger de la vache enragée.)

S'adresse à un jeune garçon de bonne famille, qui est bien chez lui, mais qui, enviant une condition qu'il croit bien meilleure que celle qui lui est échue, *fait sa tête*, et prend, avant l'heure, la teue militaire, ou cherche un bon emploi ailleurs. Dix-neuf fois sur vingt, ces *évaltonés* (écervelés,) reviennent tôt ou tard, désillusionnés et penauds, au foyer familial, après en avoir « vu de dures. »

— *Lâ priéres ertonno au priou*. (Les prières retournent au prieur.)

Les propos malveillants, calomnieux, finissent presque toujours par faire plus de tort à ceux de qui ils émanent qu'aux personnes qu'elles visent.

— *Ço in fomeraye ; ço in sètu*. Ces deux locutions ne peuvent se traduire littéralement ; nous ne leur connaissons pas d'équivalents en français. En patois, elles sont d'un usage assez fréquent. L'homme qni prend goût aux petits cancans féminins; qui s'occupe, plus qu'il ne faudrait, des affaires du ménage qui sont du ressort des femmes ; qui va jusqu'à vouloir imposer sa volonté dans le choix des toilettes de son épouse ou de ses filles, est un « fomeraye. »

Le « sèta » est un tatillon doublé d'un égoïste. Il n'est pas sociable, tout en aimant à se produire. Il ne livre jamais ses petits ni ses grands secrets ; mais sait si bien s'insinuer, finasser qu'il finit par surprendre ceux des autres. En tout cas, ces deux mots peignent au mieux deux types curieux et point rares de nos villageois.

— *È li é r'bottè sù saints do so sèche.* (Il lui a remis ses saints dans son sac.)

— *J' ti a r'montè so r'loge.* (Je lui ai remonté son horloge.)

Ces deux expressions signifient que l'on a été obligé de dire de dures, mais nécessaires vérités, à quelqu'un qui a l'habitude de s'occuper trop de ce qui ne le regarde nullement.

En 1907, les *Annales Politiques et Littéraires* avaient ouvert un concours de poésie; chaque poète devant chanter son département en un sonnet.

Mr A. BESSON, Directeur d'École, à Senones, sut dégager, harmoniser délicieusement les beautés, l'âme de nos Vosges, par les strophes suivantes, — écrin digne du joyau. Il obtint une récompense.

Les Vosges.

Sur nos Vosges sacrées et leurs croupes altières
Le soleil a paru, perçant de ses rayons
Les bleuâtres vapeurs laissées au flanc des monts
Par dessus les ravins, les mornes sapinières;

Et le bruit des cognées, s'élevant des clairières,
L'incessante clameur des torrents aux vallons,
Le clapotis des lacs, aux abîmes profonds,
Rythment les mille voix des ruches ouvrières !

Tout là-bas, dans la plaine, où mûrit le blé d'or,
Est le sol où les preux, que nous pleurons encor,
Sont tombés vaillamment pour la France meurtrie.

Car toujours nous restons les belliqueux Lorrains,
Héroïques lutteurs des combats incertains,
Frères de Jeanne d'Arc, votre Sainte, ô Patrie!

Le Chant du « Girondé. »

Ces vieilles strophes en patois du pays, se chantent en chœur, la veille de l'Épiphanie, dans la soirée, et devant chaque maison, par tous les gamins du bourg, et cela dans le but d'amasser quelques gros sous, qu'ils se partagent ensuite. L'origine de cet usage se confond avec celle de l'antique « fête des rois. »

Voici ce chant, avec la traduction littérale à la fin.

1) Girondé qu'o su so tot,
Qué rétone des boyos chauds.
É ne mé chô que jâ si chaud,
Choc et choc do p'tit doye.

1er REFRAIN : *Que Dieu bénisse vot' mâhon,*
Et les boines gens què sont dédon.
O Girondé ! ô Girondé ! (bis)

2me REFRAIN : *Qué Dieu maudisse vot' mâhon,*
Et les C... méchants qué sont dédon.
O Girondé ! ô Girondé ! (bis)

2) Girondé n'û mi sept ans
Qué l'y falleu in grand s'revant,
Po ny' moinet ses chives au champ,
Au champ des bûes.

3) Toc et toc su lô heugeotte ;
Ço (1) ... quo lè mâtrosse ;
Elle no bèyeré de so toté, dé ses neuhottes,
Dé ses kouètches soches, dé ses poùres soches.

---

(1) Ici se place le nom de la Maîtresse du logis.

4) En r'venant dé Rambiélè,
Jé chéhon do in borbè.
Deuvrè -no l'heuhhe po no r'sochie ;
Jé so dâs jos dè peu, dâs petits.

5) Deuvrè-no l'heuhhe po no r'sochie,
Jé so dâ jò de peu, dâs *chèneveux* *(1)*
Jé né sèvo où nolê au feu ;
Deuvrè-no l'heuhhe po no r'sochie.

———

1) Girondé qui est sur son toit,
Qui retourne des beignets chauds;
Il m'est égal que j'aie si chaud,
Choc et choc du petit doigt.

1er Refrain : *Que Dieu bénisse votre maison,*
Et les bonnes gens qui sont dedans.
O Girondé, ô Girondé !

2me Refrain : *Que Dieu maudisse votre maison,*
Et les c... qui sont dedans.
O Girondé, ô Girondé !

2) Girondé n'eut pas sept ans,
Qn'il lui fallut un grand servant,
Pour mener ses chèvres au champ,
Au champ des bœufs.

3) Toc et toc sur la huche:
C'est ... qui est la maîtresse;
Elle nous donnera de sa tarte, de ses noisettes,
De ses quetches sèches, de ses poires sèches.

4) En revnant de Rambervillers,

————————

(1) *Chèneveux :* belles tiges de chanvre, dépouillées de la
filasse, et sèchées. On en mettait de côté, par petites bottes,
tous les ans, pour allumer la pipe et les chandelles.

Nous sommes tombés dans un bourbier,
Ouvrez-nous la porte, pour nous sécher ;
Nous sommes des pauvres gens.

5) Ouvrez-nous la porte pour nous sécher.
Nous sommes des pauvres, des faibles ;
Nous ne savons où aller au feu,
Ouvrez-nous la porte pour nous sécher.

Remarquons que le refrain N° 2 ne se dit, en manière de vengeance, que pour ceux qui ont la cruauté de ne pas donner un sou aux jeunes trouvères.

Simplement lu ce petit poème rustique n'a aucun charme ; on n'y remarque guère que l'incohérence, qui est du reste la meilleure preuve de son ancienneté. Mais pour se faire une juste idée de la grâce et du parfum sauvages que recèle le « Girondé, » il faut l'entendre psalmodier aux portes dans la soirée du 5 janvier, par la bande des gamins gringeaux ; mais nous ne pourrions affirmer qu'il se fait entendre encore tous les ans. Le vieux temps s'embrume de plus en plus. Aussi hâtons-nous de jeter un peu partout des bouées de sauvetage.

Les Amours de Batis. — Vieille Chanson patoise.
(Auteur inconnu.)

1) Batis ett faut piècie,
Tè mére o mouôte
Et jé m'fà vie.
Do lo ménège qn'oss d'in boube,

Po fâre lè sope, po s'y r'lvi.
Si j'venos ô meuri,
In d'çâ quoète mètins,
Qu'os qué t'fârò peure orphelin. (bis.

2) Mo pére ousque j'vue nolet ;
Oss è Chamdrà, oss au Monzey ?
Lè v'leusse pòre jone ?
Lè v'leusse pore veye ?
Dehè me vote idée.
-- Quos'qu'cè pue me fàre,
Qu'elle so nare ou grihe,
Pourvu qu'elle so è tè guihe.

3) Vèto vo les fayes
Francis di Molin ;
Ço des bâcelles
Qu'on di bé betin.
Ni é lè Myàne, ni é lè Zaubette,
Ni é lè Fine, ni é lò Seurette.
Té tâcheré d'té bié compoutè,
Qué t'naie mi l'àr évaltonè !

4) Mo pére qu'oss que j'vue botte ?
Oss mè grande blaude
Ou mo bé coltin ?
Jé dotte dé pessè po tro guioriou,
Ou bé dèvo l'ar tro peuyou.
J'botrà mo gris kèzèquin,
Mo bonot d'soie su mê téte
D'zo mê casquette.

5) Batis sè vê lo lenddemain
Vòr les fayes Francis do Molin

— Bonjour dondaye, et vo tortotes.
Pére Molin j'vins vor veu bâcelottes.
Mo pére mé dit : mo n'èfant,
Ette faut t'y mèriè ;
No faut eine gent,
Po no r'lèvè !

6) Informè vo bié dé note famille,
Po qué n'y ait poine de resgregnie,
Pohhène do lo villège
N'é in s'vette ménège.
Rin n'y manque, y é lè rêteure,
Lo covo et lè besneure.
J'ons dou bon 'bues
Et dâs pohhés tot drus.

7) J'ons vint hhlines bé sovot,
S'no comptê lo Jau ;
Trà vêches, di fon, do strè
Et das lèpins trop beye.
J'ons d'lè refàte chèque sôhon.
Jé n'devo ré su note môhon.
J'ons dou jèdins et trà chenevéres ;
In bé pré cote lé r'vére.

8) N'ie mi in do lo villège
Qu'ô in si gros ménège :
Rin que su lo desservant
Y èro po fare in bé linquant.
Mé fôme pourré fare so fourbi,
Bronchie lo doye do lé grêhhotte,
Lochie lo mie
Dé neues mohhottes.

9) Elle n'airé vô d'œuve è fâre :
Lo mètin j'fra cœure las k'mortiâres ;
Jé ferà tot bolmo draho lè môhon
Po qu'elle fèyieusse co in bon son.
Je trâ les vèches,
J'fàs zu lochons ;
Quand lè quieuche dit « don don ! »
Je lâche lè coche.

10) Voyons mes filles, laquelle de vous
Veut prendre Batiss pour époux ?
C'est un garçon de bonne mine,
Voyez si Dieu vous le destine,
S'il peut plaire à votre cœur
Et faire enfin votre bonneur.

11) Marianne dit : « Si je prends un époux,
Je veux qu'il ne soit pas jaloux ;
Qu'il soit fidèle et sage,
Qu'il fasse le toùt dans le ménage.
S'il ne va pas à ma façon,
Je ferai jouer le bâton ! »

12) Zaubette dit : « Si je me marie,
Je veux une robe à chaque saison,
Et pour contenter mon envie,
Vins et liqueurs à la maison. »
Fine dit : « J'aime la besogne faite,
Bon repos et riches toilettes. ! »

13) È v'lo essè, bâcelles Molin,
J'voue bié que j'pè mo lètin.
J'trèveillerò comme in Lazard,
È vo mégerin tot lo bazard.

Fauro co tochie les èfants.
Tàchè de treuvè des autes galants.

14) Mo pére je r'vins comme j'a nolè,
Èvo mo sèche dzo mo brè.
Ças bougresses cè n'aime qué lè diore ;
Elles aimerin co d'sucè lo gotion.
Jé dira comme l'onkin Zidore :
Vaut meu éte gohhon que d'éte tochon.

15) T'né mi v'lu sére mes èvis,
To tojo voitè comme in squevis.
Mosqué t'vourô que des bâcelles
Si propres et si belles,
Consentinsent è s'y mêrié
Èvo in drôle tot kêsê.

16) jé n'mé môle pu dé to ménège,
Grand hoblà, bougre dé benêt.
Èrronge tè bûre, fàt to fremège,
Lo diâle si j'y bot co lo nè.
J'ons trimè, dis-mé po qui -o ce ?...
Po ceux qué no f'rons dire des mosses !

Traduction
des 13 Couplets ci-dessus qui sont en patois.

1) Baptiste il faut te placer,
Ta mère est morte
Et je me fais vieux.
Dans le ménage, qu'est-ce d'un garçon,
Pour faire la soupe, pour se relaver.
Si je venais à mourir,

Un de ces quatre matins
Que ferais-tu, pauvre orpheln !

2) Mon père où faut-il aller ?
Est-ce à Champdray ou Aumontzey ?
Faut-il la prendre jeune
Ou la prendre vieille ?
Dites-moi votre idée.
— Qu'est-ce que cela peut me faire :
Qu'elle soit noire ou grise,
Ponrvu qu'elle soit à ta guise.

3) Va voir les filles
Francis du Moulin ;
Ce sont des demoiselles
Qui ont du beau bien.
Il y a Marianne, il y a Élisabeth,
Il y a la Joséphine, il y a la Seurette.
Tu tâcheras de te bien comporter,
Que tu n'aies pas l'air d'un étourneau !

4) Mon père, qu'est-ce que je veux mettre ?
Est-ce ma grande blouse
Ou mon grand gilet ?
Je crains de passer pour trop coquet,
Ou bien d'avoir l'air trop pouilleux.
Je mettrai mon gris casaquin,
Mon bonnet de soie sur ma tête
Sous ma casquette.

5) Batiste s'en va le lendemain
Voir les filles Francis du Moulin.
Bonjour...... et vous toutes
Père Moulin, je viens voir vos demoiselles ;

Mon père m'a dit : Mon enfant,
Il faut te marier ;
Il nous faut une personne
Pour nous relaver.

6) Informez-vous bien de notre famille,
Pour qu'il n'y ait point de reproches.
Personne dans le village
N'a un pareil ménage.
Rien n'y manque : il y a la ratière,
La chauffrette et la bassinoire.
Nous avons deux bons bœufs
Et des porcs tout drus.

7) Nous avons vingt poules bien souvent,
Sans compter le coq.
Trois vaches, du foin, de la paille
Et des lapins beaucoup.
Nous avons de la recette à chaque saison,
Nous ne devons rien sur notre maison.
Nous avons deux jardins et trois chenevières,
Un beau pré près de la rivière.

8) Il n'y en a pas dans le village
Pour avoir un aussi gros ménage :
Rien que sur le desservant,
Il y aurait pour faire un bel encan.
Ma femme pourra faire son fourbi,
Plonger le doigt dans la graisse,
Lécher le miel
De nos abeilles.

9)Elle n'aura guère à faire :
Le matin je ferai cuire les pommes-de-terre ;
Je ferai doucement dans la maison

Pour qu'elle fasse encore un bon somme.
Je trais les vaches,
Je fais leurs lèchons ;
Quand la cloche dit « don don ! »
Je lâche la truie.

13) En voilà assez, demoiselles Moulin,
Je vois bien que je perds mon latin.
Je travaillerais comme un Lazare,
Et vous mangeriez tout le bazar ;
Il faudrait encore torcher les enfants !
Tâchez de trouver des autres galants.

14) Mon père, je reviens comme je suis parti,
Avec mon sac sous mon bras.
Ces bougresses, ça n'a que la gloriole.
Elles aimeraient encore la boisson.
Je dirai comme mon oncle Isidore :
Vaut mieux être garçon que torchon !

15) — Tu n'as pas voulu suivre mes avis ;
Tu es toujours sale comme un écouvillon.
Comment voudrais-tu que des demoiselles,
Si propres et si belles,
Consentissent à se marier
Avec un drôle tout déchiré ?

16) Je ne me mêle plus de ton ménage,
Grand hâbleur, bougre de benêt.
Arrange ton beurre, fais ton fromage.
Du diable si j'y mets encore le nez.
J'ai tant trimé, dis-moi pour qui ?
Pour ceux qui nous ferons dire des messes !

Trois *CHANSONS MODERNES,*

chantées dans des Concerts-Bals donnés par les Sapeurs-Pompiers de Granges.

———

Ces *Chansonnettes-Revues* sont dues à M. *Ernest MARCHAL,* dont la lyre a été brisée par la Parque cruelle et trop pressée, au moment où le talent de ce poète Vosgien était en pleine maturité. Les vers de M. MARCHAL sont justement appréciés pour leur finesse, leur note juste et leur opulente facture.

1re — Les GRINGEAUX. (Air de « La Création du Monde. »)

1) Quand le Créateur fabriqua la Vologne,
On interdisait les rassemblements.
On ne connaissait pas l'eau de Cologne,
Ni les facteurs qui marchent tout le temps.
Le Créateur, dans sa magnificence,
Donna d'abord à Champdray un Plateau;
Mais c'est alors qu'usant de sa puissance, } bis
Il fabriqua le premier des Gringeaux. }

(A suivre)

———

Imp. spéciale du « PAYS VOSGIEN »
(C. Petitjean à Granges.)

[illegible]

[illegible]

[illegible]

[illegible]